Le plateau central et ses volcans
un Etna français

Stanislas Meunier
Philippe Glangeaud

Édition: BoD • Books on Demand GmbH, In de Tarpen 42,
22848 Norderstedt (Allemagne)
Impression: Libri Plureos GmbH, Friedensallee 273,
22763 Hamburg (Allemagne)
ISBN: 978-2-3225-5046-3
Dépôt légal : Octobre 2024

Première partie

Le plateau central et ses volcans : un Etna français [1]

Considérée dans son ensemble, la France présente un caractère de symétrie depuis longtemps remarqué. Son contour ne s'éloigne pas beaucoup de celui d'un hexagone régulier et, de ses six côtés, trois sont des frontières maritimes, pendant que deux autres, les Pyrénées et les Alpes sont montagneuses. Seule, sa frontière du Nord-Est, de Belfort à Dunkerque, est ouverte. Ces circonstances tiennent à ce que, malgré la très grande diversité de son sol, notre pays constitue un tout géologique.

En y regardant de plus près, on reconnaît que son architecture est coordonnée dans son ensemble par rapport à un point milieu, que signalent son relief et la distribution autour de lui des principales formations sédimentaires. C'est le Plateau Central, incomparable entre toutes les régions françaises par la présence de nombreux volcans, non actifs il est vrai, mais dont l'extinction remonte à un passé très peu reculé géologiquement.

Dans une page célèbre, Elie de Beaumont et Dufrénoy opposent cette région austère au tranquille, bassin parisien, où la vie est relativement si facile :

« Ces deux pôles de notre sol, s'ils ne sont pas situés aux deux extrémités d'un même diamètre, exercent en revanche autour d'eux des influences exactement contraires : l'un est en creux et attractif ; l'autre, en relief et répulsif. Le pôle en creux vers lequel tout converge, c'est Paris, centre de population et de civilisation. Le Cantal, placé vers le centre de la partie méridionale, représente assez bien le pôle saillant et répulsif. Tout semble fuir en divergeant de ce centre élevé, qui ne reçoit du ciel qui le surmonte que la neige qui le couvre pendant plusieurs mois de l'année. Il domine tout ce qui l'entoure, et ses vallées divergentes versent les eaux dans toutes les directions. Les routes s'en échappent en rayonnant comme les rivières qui y prennent leurs sources. Il repousse jusqu'à, ses habitants qui, pendant une partie de l'année, émigrent vers des climats moins sévères. "

L'abbé Giraud Soulavie avait écrit dans son *Histoire Naturelle de la France méridionale* : « Les montagnes sont les vrais magasins ou réservoirs de l'espèce humaine ; des milliers de montagnards passent insensiblement et à la longue dans les pays fertiles pour y entretenir les populations languissantes. "

Et les deux auteurs plus récents que nous venons de citer :

« Il (le Cantal) renouvelle sans cesse la population des plaines par des essaims vigoureux et fortement empreints de notre ancien caractère national. "

Il parait certain que les Auvergnats, comme les Bretons, sont des Celtes, c'est-à-dire qu'ils appartiennent à la race historique la plus ancienne de notre pays ; et ces Celtes, de sang déjà mélangé avec celui de races envahisseuses, eurent pour ancêtres autochtones les hommes à tête courte, dont on retrouve les squelettes fossiles, et qui ne connaissaient pas les métaux. Or, d'après une curieuse remarque de M. Boule, « la *brachycéphalie* est d'autant plus accusée que la région considérée est plus montagneuse et d'accès plus difficile. "

Comme le Breton, l'Auvergnat de vieille souche est brachycéphale, brun et de taille peu élevée.

De même que la population, la végétation du Plateau Central a une physionomie particulière. Il faut descendre jusqu'à la Limagne pour trouver des parties véritablement fertiles ; mais les châtaigniers de ses régions granitiques sont célèbres par leur beauté et leur longévité. Qui oublierait Fontanat, près de Royat, après avoir passé sous ses ombrages ?

I.

Les noms de Plateau Central, de Massif Central, ne sauraient avoir un sens tout à fait précis. Cependant un coup d'œil sur la carte géologique de France ne permet aucune hésitation.

Le Plateau Central a, à peu près, la forme d'un triangle dont les trois sommets sont non loin de Nontron, d'Avallon et du Vigan. Avec une superficie de plus de 80 000 kilomètres carrés, il se développe sur vingt-deux départements et comprend en tout ou en partie : le Morvan, le Bourbonnais, la Marche, le Limousin, l'Auvergne, le Charolais, le Beaujolais, le Lyonnais, le Velay, le Gévaudan, le Vivarais, le Languedoc et le Rouergue.

Nous n'avons pas qualité pour nous occuper de toutes ces provinces ; nous considérerons seulement, dans le Plateau Central, ce qui fait partie de la zone à volcans éteints traversant l'Eurasie et comprenant les Pyrénées, les Alpes, les Carpathes, le Caucase et l'Himalaya, montagnes dans lesquelles différents phénomènes, tels que d'innombrables sources chaudes, des émanations solfatariennes, des dégagements moffettiques, témoignent d'une ardeur à peine refroidie...

Le Vivarais, le Velay, l'Auvergne, voilà les trois régions du Plateau Central qui possèdent les volcans étudiés passionnément depuis que l'on sait que ce sont des volcans.

« Ils ont des yeux et ne voient point. " Ce que le Psaume dit des dieux d'Égypte est aussi vrai des hommes qui passent sans comprendre, tant qu'un Révélateur ne leur a pas dit : « Faites donc attention ! "

Voici comment Poulett Scrope raconte la découverte des volcans d'Auvergne : « En 1750, deux membres de l'Académie des Sciences de Paris, Guettard et Malesherbes, à leur retour d'Italie, où ils avaient visité le Vésuve et observé ses produits, passèrent à Montélimar, petite ville située sur la rive gauche du Rhône, et, après avoir diné en compagnie de savants qui y résidaient, parmi lesquels était M. Faujas de Saint-Fond, ils sortirent pour explorer les environs. Le pavé des rues attira tout d'abord leur attention. Il est formé de courtes articulations de colonnes basaltiques plantées perpendiculairement dans le sol, et ressemble par suite à celui des routes antiques dans le voisinage de Rome, qui sont pavées avec des pièces polygonales de lave. En s'informant, ils apprirent que ces pierres provenaient du rocher sur lequel est bâti Roche-Maure, sur la rive opposée du Rhône ; et on les instruisit en outre que des roches pareilles abondaient dans les montagnes du Vivarais. Ces renseignements engagèrent les académiciens à visiter cette province ; et étape par étape, ils atteignirent la capitale de l'Auvergne, découvrant chaque jour une raison nouvelle pour croire à la nature volcanique des montagnes qu'ils traversaient. Arrivés à Clermont, tout doute disparut. Les courants de lave des environs de cette ville, noirs et hérissés comme ceux du Vésuve, descendant sans interruption de plusieurs cônes de scories qui, pour la plupart, présentent un cratère régulier, les convainquirent de la vérité de leurs conjectures, et ils proclamèrent hautement leur intéressante découverte. "

Naturellement, le Mémoire de Guettard : *Sur quelques montagnes de France qui ont été des volcans* (1751), ne rencontra que des incrédules parmi les savants confrères de l'auteur, qui firent à ce sujet de l'érudition, disant que les scories volcaniques n'étaient que les résidus des fourneaux de forges romaines. Il fallut vingt ans pour qu'un travail de Desmarets, sur l'origine des basaltes, fit admettre la réalité des volcans d'Auvergne.

Et si Montélimar n'avait pas été sur la route d'Italie, les géologues du XIXe siècle auraient eu probablement l'honneur de la découverte.

Depuis Desmarets, les principales études sur les volcans d'Auvergne sont dues à Ch. Lyell, Poulett Scrope, Henri Lecoq, Leopold de Buch, Montlosier, Ramond, Fouqué, Rames, MM. Archibald Geikie, Boule, Glangeaud, etc. Celle du Vivarais appartient spécialement, d'une part, à Faujas Saint-Fond qui fut (1793) notre premier prédécesseur dans la chaire de géologie au Muséum et qui a décrit cette province en 1778 avec une grande précision dans un magnifique ouvrage, et, d'autre part, à l'abbé Giraud Soulavie, que nous avons déjà cité et à qui nous ferons d'autres emprunts.

Le Vivarais se signale par la parfaite conservation de ses volcans. On y compte six cônes s'élevant de plusieurs centaines de mètres au-dessus du plateau granitique sur lequel se sont répandues les coulées de basalte qui ont en partie comblé les gorges profondes dont le massif était raviné. La Gravenne de Montpezat, ainsi nommée (*gravenne* , gravier) à cause de la pouzzolane dont elle est composée, est un grand cône placé sur une crête séparant l'Ardèche de la rivière de Fontaulieu. Comme plusieurs autres volcans voisins, il a un cratère régulier, en forme de coupe. De superbes colonnades de basalte, dont l'ouvrage de Faujas donne des gravures intéressantes, — quoique inexactes comme le sont les gravures, — montrent que le basalte est séparé du granit par un lit de cailloux roulés, ce qui indique un ancien lit de torrent. Du volcan de Burzet s'est échappée une nappe de lave qui, usée par les eaux, montre les extrémités polygonales de ses prismes : ils forment un pavage élégant qu'on appelle dans le pays Pavé des Géants. Le volcan de Thueyts, sans cratère régulier, a répandu sa lave dans le lit de l'Ardèche. La Coupe de Jaujac, au contour elliptique, a les flancs parés de forêts de châtaigniers. Le cratère échancré de la Coupe d'Ayzac a donné lieu à une coulée de basalte qui s'est scindée en trois étages. Au pied du cône de Souillots, il y a une de ces Grottes du Chien sur lesquelles nous aurons à dire quelques mots.

Le massif du Vivarais se rattache à l'Auvergne par la région du Velay. Le Mézenc y est le point le plus élevé d'un ensemble volcanique qui repose en partie sur les terrains primitifs, granit ou gneiss, en partie sur le terrain jurassique. Il représente, — comme le Mont-Dore et le Cantal, — les restes d'un énorme volcan qui, jusqu'à de grandes distances, a couvert la plaine d'une mer de basalte. La ville du Puy est entourée de tous côtés par une ceinture de collines dont l'altitude ne varie que de 750 à 800 mètres et qui sont, ou les bords de ce plateau de lave, ou des cônes surgis à travers l'ancien basalte et y ayant mêlé leurs produits. Nous reviendrons sur la Montagne de la Denise, toute proche du Puy qui présente deux énormes rangées superposées de colonnes de basalte : la Croix de la Paille et les Orgues d'Espaly. Il est à noter que dans le Velay, on ne voit pas de cratères ni de coulées bien distincts, ce qui s'expliquera plus loin.

Le Plomb du Cantal est le point culminant (1 858 mètres au-dessus du niveau de la mer) de ce qui reste d'un volcan de 250 kilomètres de tour à sa base, dont l'Etna remet sous nos yeux une image fidèle. Il se signale par la forme arrondie de son sommet et par sa calotte de basalte dans une vaste circonférence de montagnes trachytiques, reliées entre elles par des crêtes de même composition lithologique. Au centre de ce cirque, s'élève un piton à trois sommets dont le plus haut, le puy Griou, est moins élevé que la plupart des montagnes qui l'entourent et qui ont l'air de lui faire cortège. Il n'a que 1 694 mètres d'altitude. Ces montagnes sont, après le Plomb : le pic du Rocher (1 800 mètres), le puy de Peyroux (1620 mètres), le puy de Bataillouze (1 686 mètres), le puy de Peyre-Arse (1 567 mètres), le puy Mary (1 781 mètres, le puy Chavaroche, ou l'Homme de Pierre (1 744 mètres), le

Courpou-Sauvage (1 490 mètres), le puy Filhol (1 580 mètres), le pic de l'Elancèze (1 503 mètres), le puy Brunet (1 606 mètres), le Cantalon (1 805 mètres). Cette nomenclature et ces chiffres donnent une idée du massif, surtout lorsque l'on considère que le cirque trachytique est lui-même entouré d'une autre guirlande circulaire de puys basaltiques moins élevés en général que les précédents, mais dépassant tous 1 500 mètres.

Il y a déjà longtemps qu'un pharmacien d'Aurillac, Rames, céda à la séduction qu'exerce l'histoire naturelle sur les esprits d'élite. Il associa à la pratique du *Codex* l'étude du Massif du Cantal et peu à peu cette étude réduisit le temps accordé à l'exécution des ordonnances magistrales. Il fit un nombre immense d'observations, qui dénotent chez lui plus que les qualités ordinaires du naturaliste. Esprit enthousiaste et débordant, il a, en maintes circonstances, fait preuve d'une intuition presque géniale. Il gravit chaque sommet, le mesura, en détermina la substance, puis il coordonna les lieux présentant entre eux des liens qui lui paraissaient évidents et superposa, à la topographie d'aujourd'hui, et vraiment par les yeux de l'esprit, la conception d'une géographie antérieure. Celle-ci, dont les traits primitifs ont été détruits par l'exercice des actions érosives auxquelles la surface du sol est en proie sans relâche, lui révéla, bien au-dessus de la surface actuelle du pays, l'existence de deux cimes, distantes de 4 200 mètres l'une de l'autre et plongeant dans l'atmosphère à une hauteur approximativement indiquée par le point de convergence de l'ensemble des plateaux actuels qui recouvrent les flancs du massif cantalion.

À ces deux cimes idéales, le poète dissimulé dans le naturaliste attribua les noms de deux géologues éminents : l'une est pour lui le sommet du Mont Saporta ; l'autre, l'apex de l'Albert Gaudry. « Ces deux points de convergence, dit-il , nous représentent les sommets de deux énormes cônes d'éruption complexes, multiples, soudés par leurs bases, largement égueulés, toujours en ruines, souvent régénérés, mais toujours disparus. Cependant, sous leurs bannières sont encore rangées en deux phalanges, comme au temps de leur antique magnificence, les puissantes assises des roches volcaniques du Cantal, lesquelles, ardentes, et flot sur flot, s'échappèrent jadis de leur pied, tandis que, dans les hautes régions, rugissait l'immense respiration des cratères. "

Choisir les noms de Gaudry et de Saporta pour qualifier ces deux cônes reconstitués théoriquement, était d'autant plus heureux que ces deux savants ont passé leur vie à tenter, eux aussi, des essais de restauration : le premier, dans le monde animal, l'autre dans le domaine dos végétaux. Ils avaient aussi des ressemblances, comme devaient en avoir entre elles les deux montagnes cantaliennes. Tous deux, délicats et affinés, professaient une philosophie naturelle très douce et aimaient à en développer les détails dans un style quelque peu sentimental. Ils étaient en outre amis intimes, liés par leurs conceptions générales des choses, comme les deux volcans de Rames l'étaient par leur base.

En somme, les puys trachytiques du cercle intérieur du Cantal et les crêtes et les croupes qui les relient, formaient une vaste *caldera* de plus de 10 kilomètres de diamètre, avec une chute interne, à l'Est, de 950 mètres, à l'Ouest, de 880 mètres. C'est dans cette enceinte que s'ouvraient les anciens cratères et que se dégageaient les gaz et les vapeurs, d'où montaient les laves et les scories dont l'accumulation formait les cônes.

« Du sommet du puy de Griou, dit encore Rames, la vue embrasse tous les détails de la cavité circulaire, et les pics trachytiques, vus de cet observatoire naturel, perdent aussitôt de leur importance, leur individualité s'efface beaucoup, car ils se dessinent alors comme de simples dentelures de la crête déchiquetée et éboulée qui couronne la grande enceinte, et celle-ci apparaît imposante, formée par des escarpements rocheux successifs, continus, alternant plusieurs fois avec des pentes très rapides couvertes d'herbes, de broussailles, de forêts... ! "

La caldera est rompue par les vallées de la Cère, de la Jordanne et de l'Alagnon, rivières qui ont leur source, des entonnoirs béants, à sa partie inférieure. Au contraire, un grand nombre d'autres vallées descendent en droite ligne des hauteurs du volcan, rayonnant avec une symétrie parfaite. On compte ainsi douze vallées de premier ordre, et dix de second ordre, intercalées entre les premières et échancrant moins profondément le sol. La physionomie de notre vieil Etna sera complétée quand nous aurons dit que chacun des grands puys commande un plateau basaltique, de forme triangulaire, qui représente le produit de ses éruptions. Le plus important est celui de la Planèze, sous le Plomb du Cantal, dont il est séparé par une dépression profonde.

Le Mont-Dore est un massif d'une surface de neuf cents kilomètres carrés, avec un grand axe de quarante-deux kilomètres environ, un petit axe de trente. Il est relié au Cantal par un autre massif volcanique, le Cézallier, qui atteint l'altitude de 1 500 mètres. Le point culminant en est le pic de Sancy, qui a 1 886 mètres au-dessus du niveau de la mer et qui est un rocher pyramidal de trachyte porphyroïde, dont les touristes se plaisent à faire l'ascension. La Banne d'Ordanche (1 515 mètres) et l'Aiguiller (1 547 mètres) étaient avec le Sancy les principaux centres éruptifs de cette région.

Poulett Scrope, qui avait fait plusieurs voyages en Italie, pour en étudier les volcans et qui a écrit la *Géologie des volcans éteints du centre de la France* , voit dans les traits qu'il avait observés au Mont-Dore « les traces d'un vaste cratère démantelé qui n'est pas sans ressembler au tableau que présente en ce moment (1823) le cratère récent du Vésuve, ouvert dans les entrailles de la montagne par l'éruption de 1822 ; cratère dont les escarpements abrupts et à pic, comme ceux des gorges, sont formés d'un conglomérat de scories et de fragments volcaniques enveloppant des lits horizontaux de lave, et pénétrés par de nombreux dykes de la même substance, le plus souvent verticaux et se séparant en prismes horizontaux. "

Le cratère principal d'où sont sorties les laves trachytiques du Mont-Dore devait être situé au voisinage immédiat du bassin supérieur de la vallée de la Dordogne. Tous les voyageurs en Auvergne ont remarqué les roches dites Sanadoire et Tuilière. Ces deux masses sont constituées par de la phonolithe, variété hydratée de trachyte ; elles ont été ainsi isolées par le travail de l'érosion et la roche qui les compose a pris des aspects très divers. La roche composant la Tuilière s'exploite en feuillets minces propres à la couverture des maisons, et c'est de laque lui vient son nom.

Enfin, nous trouvons encore sur la partie granitique du Plateau Central, sur la plate-forme qui se termine en escarpement abrupt au-dessus de la plaine de la Limagne, et qui descend en pente douce vers la Sioule, la chaîne des Puys ou Monts Dômes, qui comprend environ soixante montagnes volcaniques, situées sur deux files à peu près parallèles et orientées sensiblement du Nord au Sud. Elles sont de deux sortes : les pitons domitiques et les volcans proprement dits. Les pitons domitiques sont au nombre de six, et le plus important, le puy de Dôme, qui non seulement a donné son nom à toute cette prodigieuse région, mais encore à la roche (*domité*) dont il est formé, atteint à l'altitude de 1 465 mètres. Quoique relativement peu élevé au-dessus de la plate-forme qui lui fait un piédestal et qui est a près de onze cents mètres, sa forme, — comparable à celle de l'*Aiguille* , de la Montagne Pelée, — est imposante. C'est un dyke qui dut jaillir, lors d'une grande éruption, des brèches et des débris d'éruptions antérieures accumulées dans les profondeurs terrestres.

Le Chaudron ou Grand Sarcouy, le Clierzou, le puy Chopine, sont également des pitons domitiques. Du puy Chopine, Poulett Scrope a dit, en bon Anglais porté volontiers à emprunter ses comparaisons géologiques à l'art culinaire, que « c'est un massif de diverses roches primaires granitoïdes offrant les marques d'un grand bouleversement, renfermées, *comme la chair d'un sandwich* , entre une couche de domite d'un côté et une couche de basalte de l'autre. "

Les volcans à cratères de notre région sont des cônes tronqués formés de scories, de lapilli, de pouzzolane, de blocs de lave, avec des fragments accidentels de domite et de granit. Ils ont une hauteur, au-dessus de leur base, de 150 à 300 mètres. Le Pariou est l'un des plus beaux et des plus considérables ; d'une forme parfaitement régulière, il est à moitié entouré d'un segment de cratère plus ancien. Le cratère intérieur est complet, avec une circonférence de 960 mètres. D'une profondeur de 96 mètres, il est entièrement tapissé d'herbe qui, là même où les feux souterrains ont laissé de si éloquents produits, offre aux bestiaux des pâturages frais et succulents. D'autres cônes ont leurs cratères rompus par un côté, sous l'effort de la lave : tels sont le puy de la Vache, le puy Noir et le puy de Lassolas. Parfois une montagne de forme irrégulière possède plusieurs cratères distincts, comme le puy de Montchié, où, par une disposition que le Vésuve reproduit sous nos yeux, les éruptions ont eu lieu en des points si voisins les uns des autres que leurs produits se sont mêlés.

Ces volcans ont vomi d'énormes quantités de lave, dont fournit un exemple le beau puy de Côme, parfaitement régulier et d'une hauteur de plus de 300 mètres au-dessus de la plaine. Celui-ci a deux cratères distincts, dont l'un a une profondeur de 75 mètres et un diamètre considérable. La lave sortait, non pas de ces cratères, mais de la base Ouest de la montagne ; le courant, ayant rencontré un obstacle, se partagea en deux branches, dont l'une rencontra une autre coulée, venue du puy de Louchadière ; elle se précipita ensuite dans le lit de la Sioule, qui dut prendre un autre cours. Puis, encore arrêtée par un rocher saillant, la lave de Côme forma un mur de dix-huit mètres de haut, avec les divisions prismatiques qui donnent tant de beauté au paysage. On évalue à 12 kilomètres carrés la superficie couverte par cette *cheire* . Une autre coulée célèbre est celle de Gravenoire, qui est descendue dans la vallée de Royat, où une excavation creusée par le ruisseau permet de mesurer son épaisseur de 20 mètres. A l'extrémité du courant septentrional de Gravenoire, se trouve une Grotte du Chien, où le gaz carbonique est fort abondant.

Les coulées de lave s'appellent *cheires* : leur aspect singulièrement raboteux et hérissé montre que le mot cheire correspond, dans la prononciation auvergnate, à l'expression latine de *serra* (scie). La marche est difficile sur la cheire, dont la stérilité est grande, parce que le travail est si difficile sur ce sol ravagé qu'il a été rarement tenté ; cependant, dans les étroits intervalles qui séparent les amoncellements de blocs pousse, spontanément, la fraîche flore de la montagne. ; Et, dans la cheire de Gravenoire, près de Clermont, on est parvenu à faire prospérer des vignobles. Ainsi, en Italie, les terres ravagées par les éruptions sont les plus fertiles. Non loin de Pontgibaud, vers la limite de la cheire de Côme, existe une petite grotte dans le basalte, d'où sort une source d'eau glacée, même pendant les plus fortes chaleurs de l'été.

II.

Il est facile de voir, dans le massif central de la France, une région qui a subi d'innombrables vicissitudes dérivant des causes les plus variées. Sa partie la plus volumineuse est faite, nous l'avons déjà dit, des roches les plus anciennes, parmi lesquelles le granit et le gneiss se signalent par leur grande abondance. Mais il est évident que ces roches primitives ne sont ainsi visibles que parce qu'elles ont été *épluchées* , c'est-à-dire dépouillées de formations qui les recouvraient et les maintenaient ainsi à une grande profondeur. On n'en peut douter, car, en maintes localités, il est resté comme des lambeaux de ce revêtement déchiré, dont l'âge relatif peut être retrouvé, et dont l'étude a été poussée d'autant plus loin et mieux faite qu'on y a trouvé des matériaux d'exploitation profitables.

Les plus anciens de ces vestiges ont été si fortement modifiés par les réactions naturelles qui se sont attaquées à eux, que bien souvent il est malaisé d'en démêler les caractères distinctifs. On les désigne sous le nom, vague à souhait de schistes cristallins, sans décider s'ils sont bien contemporains les uns des autres, ou si, au contraire, les actions métamorphiques les ayant modifiés plus ou moins vite, ils n'ont pris une apparence uniforme que parce qu'en réalité ils sont d'âges différents. En tout cas, on n'y distingue plus de fossiles, à supposer qu'ils en aient renfermé, et le principal trait qu'ils nous permettent d'enregistrer, c'est que leurs éléments stratiformes sont fortement redressés, contournés et hachés de géoclases. À ce titre, ils ressemblent singulièrement aux masses constitutives des grandes chaînes de montagnes et nous donnent l'idée qu'ils ont subi une prodigieuse érosion.

Parmi les masses moins anciennes et par conséquent plus reconnaissables, il y a toutes les raisons possibles de faire une place à part à des dépôts houillers. Ils sont dans le Plateau Central à l'état de petits bassins disséminés et qui, bien certainement, sont les restes de formations continues qui ont été démantelées et séparées les unes des autres par les dénudations intenses infligées à la surface. Parmi ces bassins auxquels se rattachent ceux de Saint-Étienne, d'Alais, de Graissessac, de Decazeville, de Brive, répartis sur le pourtour de notre région, il faut mentionner Bert, Cusset, Ahun, Saint-Éloy, Commentry et bien d'autres, qui sont éparpillés sans ordre visible sur une large surface.

Dans le nombre, Commentry restera célèbre à cause des découvertes paléontologiques qui y ont été faites ; à cause aussi de la méthode d'observation qui y a été employée et qui pourrait servir de modèle dans des cas analogues. Au lieu de se borner à recueillir ce qu'on rencontre par hasard, on a cherché à ne rien laisser échapper, et, pour cela, on a intéressé les ouvriers aux résultats, en allant jusqu'à entretenir un bureau spécial dont la fonction était de recevoir les trouvailles exclusivement scientifiques. Une série particulièrement digne de mention a concerné l'existence des insectes fossiles, dont nous connaissons maintenant toute une série, aussi nombreuse qu'imprévue et qui est exposée au Muséum d'histoire naturelle. On y remarquera surtout des formes analogues à celles de blattes gigantesques, des libellules atteignant 75 centimètres d'envergure et aussi des mantes possédant, non pas quatre ailes, mais six : trois paires, dont la distribution ramène à un même type les trois anneaux constitutifs du thorax.

Mais le fait seul de l'existence des insectes à l'époque houillère a été un événement scientifique considérable, en rappelant à la prudence les amateurs de théories géologiques. Au moment où Darwin fit connaître, parmi ces merveilleuses harmonies dont la nature est pleine, celles qui concernent la part prise par certains insectes à la fécondation de quelques espèces de fleurs, des esprits systématiques, trop prompts à généraliser, émirent l'avis qu'un pays sans fleurs doit être nécessairement un pays sans insectes. Les paléobotanistes ayant constaté que la flore houillère est presque entièrement composée de plantes cryptogames, pouvant d'ailleurs atteindre les dimensions de nos arbres actuels, on tira comme conséquence « logique " de leurs observations que, les insectes n'ayant pas eu dans les forêts paléozoïques de fleurs a féconder, il n'y avait pas lieu d'admettre l'existence d'insectes houillers. Or, il paraît que les insectes peuvent avoir d'autres fonctions à remplir que celle dont Darwin nous a raconté les détails si impressionnants, car jamais on n'en a vu jusqu'ici d'aussi grands qu'à Commentry.

En tout cas, les couches houillères du Plateau Central se présentent, autant par le degré de leur métamorphisme que par l'énergie des refoulements qui les ont ondulées et par la dimension des géoclases qui les ont débitées en tronçons mutuellement déplacés, comme ayant fait partie de chaînes montagneuses, au même titre que les schistes cristallophylliens mentionnés tout à l'heure. Et en voilà plus qu'il n'en faut pour démontrer que le Plateau Central a été jadis pourvu d'une structure générale, qui pouvait avoir alors les plus intimes analogies avec celle dont les Alpes jouissent à l'heure actuelle.

Mais ces reliefs, malgré leur volume considérable, ont été supprimés, comme a été supprimée la chaîne de montagnes qui a traversé la région d'Anzin et de Valenciennes et dont on ne retrouve plus, en profondeur, que les racines, recouvertes de couches crétacées. Seulement, l'érosion a été peut-être plus tardive en Auvergne, car sur le Plateau Central, le terrain secondaire est à peine représenté, — à moins que la région n'ait, pendant les temps secondaires, été à l'état continental, c'est-à-dire maintenue en dehors des localités où la sédimentation pouvait avoir lieu.

Quoi qu'il en soit, il faut arriver aux temps qualifiés de tertiaires pour trouver des assises sédimentaires qui, en très grand nombre, encadrent, mais à une altitude moindre, le Massif Central. La Limagne, en particulier, se révèle comme ayant été un grand lac aux temps dits oligocènes et des lambeaux du même âge se trouvent en certains points du Velay et du Cantal. La plus grande partie des flancs de la colline de Gergovia et des monticules des environs que couronnent des coulées de lave, est formée de couches horizontales de calcaire oligocène, avec ou sans phryganes .

C'est durant les époques tertiaires, pendant le miocène supérieur, que sont apparus les volcans du Plateau Central. Ainsi que le dit M. Marcellin Boule, « le temps nous séparant de la période d'activité de la chaîne des Puys est peu de chose à côté du temps qui sépare cette période du moment où expirait l'activité du Cantal. " Cependant, il s'était produit déjà, dans cette région des Puys, d'anciennes éruptions de basalte, et il semble qu'il y ait eu des poussées de cette roche, de trachyte et de phonolite au même moment dans toutes les régions volcaniques du Plateau Central.

On attribue certains basaltes et certains trachytes dans la masse du grand volcan cantalien aux temps pliocènes ; mais, avant le début de l'époque quaternaire, toute l'activité de l'Etna français était éteinte, sans doute par épuisement des roches foisonnantes accumulées dans ses entrailles. Il y eut aussi des séries de poussées qui se dépensèrent en profondeur, sans atteindre la surface du sol.

Il est permis de supposer que les manifestations volcaniques du Plateau Central furent un contre-coup, et un complément, de l'ensemble des phénomènes qui ont donné naissance à la chaîne des Alpes, dont le soulèvement date des temps tertiaires. Sans nous arrêter à l'étude de ces grands phénomènes orogéniques, qui devrait être traitée à part, notons seulement que fréquemment les chaînes de montagnes sont flanquées d'un massif volcanique qui se montre comme une portion accessoire, peut-être avortée, mais dont la théorie se présente cependant comme un détail nécessaire de celle de la chaîne.

Il faut un effort de pensée pour reconstituer dans leurs détails les volcans du Cantal et du Mont-Dore qui, dès le début du quaternaire, n'étaient déjà plus que des ruines ; cependant le résultat est digne d'intérêt. Les éruptions du Velay, qui semblent n'avoir commencé que pendant le pliocène moyen, n'étaient pas achevées pendant le quaternaire inférieur. Au contraire, c'est du pliocène supérieur que date la célèbre montagne de la Denise.) On ne voit plus dans la chaîne du Velay de cratère ni de coulées bien distinctes ; l'évolution y est donc bien plus avancée qu'aux environs de Clermont-Ferrand. La démolition a intéressé des parties, encore maintenant souterraines dans la chaîne des Puys, et c'est ce qui fait saillir de divers côtés des rochers tout à fait singuliers et par conséquent caractéristiques : la Roche Corneille résulte de l'épluchage d'un cylindre de matériaux contenus dans la cheminée volcanique, que les agents de l'intempérisme ont fait disparaître sur une hauteur considérable. Par cette cheminée ont dû sortir des quantités formidables de lapilli, qui se sont accumulés en cônes comparables à ceux qui forment les puys de Lassolas, du Nid de la Poule, du Pariou et d'autres. Quand le phénomène éruptif a pris fin, le conduit vertical était tout encombré de matériaux en route pour la surface et destinés même à être lancés dans l'atmosphère, pour retomber en un bourrelet autour du point de projection. Ils se sont cimentés dans cette perforation cylindrique dont ils constituent aujourd'hui le moulage.

Les perforations volcaniques manifestent du reste une grande tendance à l'alignement régulier : les rochers Corneille, Saint-Michel et de Polignac, dont le château historique a laissé des ruines si imposantes, en donnent la preuve. Il est évident que ces points de sorties sont coordonnés sur une même cassure profonde du sol, peut-être en des points d'entre-croisement de cette grande géoclase avec des fêlures affectant une orientation différente. On peut remarquer qu'une pareille disposition est exactement celle qu'affectent les si curieuses cheminées dans lesquelles se rencontrent les sables à diamants du Cap de Bonne-Espérance, car le rapprochement est riche en conséquences, quant à l'histoire des volcans. En effet les lapilli, précurseurs des laves et consistant en débris charriés comme les boues des torrents, — mais dans une direction essentiellement différente, puisqu'elle est perpendiculaire à l'horizon, — méritent de figurer dans la catégorie de produits géologiques qualifiés d'alluvions verticales.

Le massif du Mont-Dore qui, depuis le miocène, a eu des éruptions, a continué de manifester son activité jusqu'au milieu du quaternaire. On y voit des cratères encore bien reconnaissables à leur forme et à leurs relations avec les coulées qui en partent. Dans le nombre, nous citerons le cône tronqué du Tar-taret, auprès de Murols, avec son fleuve de pierre qui s'est épanché sur 20 kilomètres de longueur dans la vallée de la Couze. La lave en a recouvert une nappe d'argile où se trouvaient des ossements de chevaux et des coquilles terrestres, dont les espèces, principalement des escargots, vivent encore : ce qui n'empêche pas que l'éruption qui l'a produite ne soit nettement antérieure à toutes les époques historiques. Le pittoresque lac de Chambon, dont, pour le dire en passant, George Sand a donné autrefois dans cette *Revue* une description et une théorie si exactes, doit son existence au barrage que la coulée du Tartaret a constitué au travers de la vallée de Chaudefour. Au même moment géologique, les cratères de Montchat et de Montcineyre vomissaient le torrent de roches fondues, maintenant solidifiées en cheires, et la perforation cylindrique que remplissent les eaux du lac Pavin s'ouvrait comme à l'emporte-pièce. On s'imagine le paysage romantique de cette époque animé par le passage de bandes de Mammouths, substituées aux troupeaux d'*Elephas antiquus* déjà éteint et par les ébats des Rhinocéros à narines cloisonnées succédant à *Rhinocéros Merckii* , dont les débris caractérisent le quaternaire le plus inférieur.

Mais c'est plus récemment encore que se sont déchaînées les éruptions du Vivarais et des monts Dômes et cette fois, les fossiles en font reporter l'âge aux temps qualifiés de quaternaires supérieurs.

Il s'agit dans ces deux régions de cônes parfois si bien conservés qu'ils donnent l'idée d'une reprise possible de leur activité. Ce qui est certain, c'est que l'homme a été le témoin et, plus d'une fois, la victime des éruptions du Velay et de la chaîne du Puy de Dôme.

En travaillant une vigne au lieu dit l'Ermitage, sur le versant du volcan de la Denise, à la porte de la ville du Puy-en-Velay, un paysan découvrit en 1844 un débris de crâne humain. Ce fragment était incrusté d'oxyde de fer fortement adhérent, témoignant de son très long enfouissement dans la couche de limonite d'où il était extrait. Le laboureur, continuant son travail, mit au jour d'autres débris squelettiques qui, par chance, furent conservés et qu'on peut voir aujourd'hui au musée du Puy. De longues études, auxquelles prirent part un grand nombre de géologues expérimentés, démontrèrent qu'il s'agit d'un homme qui, Pompéien d'avant l'histoire, fut enseveli sous les cendres rejetées par le volcan de la Denise. Le docteur Sauvage écrivait en 1872 que « le frontal de la Denise appartient certainement à la race dolichocéphale dont les crânes du Neanderthal, d'Eguisheim et de Cannstadt sont les représentants. " L'homme de la Denise est donc contemporain de la faune à *Rhinoceros Merckii* , c'est-à-dire du quaternaire le plus ancien.

Les débris de la Denise sont d'autant plus précieux qu'ils sont les seuls restes parfaitement authentiques d'hommes témoins des éruptions de la France centrale, car ce que dit Soulavie, d'ossements trouvés dans les laves du Coiron (Ardèche), est fort contestable.

Plus récemment, un morceau de crâne et quelques autres fragments ayant été trouvés dans une carrière de pouzzolane provenant de Gravenoire, tout près de Clermont, on avait cru être en présence d'une nouvelle victime des volcans quaternaires ; mais on a mis en doute l'antiquité de ces restes, les scories des volcans pouvant, en s'éboulant sur les pentes, ensevelir des objets récens.

D'ailleurs, en bien des points, des objets travaillés par l'homme préhistorique attestent sa présence aussi sûrement que le feraient ses os. A quelques kilomètres de Pontgibaud, dans la vallée de la Sioule, une couche de débris, fouillée dans un abri sous roche dépendant de la coulée du volcan de Pral, a livré, avec des ossements d'animaux (panthère, blaireau, bœuf commun, cerf, mouton, sanglier, castor), quarante silex taillés, un ciseau en bois de cerf, deux dents de cerf polies, percés d'un trou de suspension, et ayant constitué des objets de parure. Une trouvaille analogue a été faite dans la lave de Blanzat sortie du puy de Coquille : des bois de renne portant des traces de travail ; des traces de charbon révélaient qu'il y eut là un foyer. Le British Muséum conserve un bois de renne trouvé à Neschers, dans le

Puy-de-Dôme, et sur lequel est gravée au trait la forme fort bien rendue d'un cheval : on se trouve ici en présence de l'art magdalénien, accompagné de la faune pleistocène (ou quaternaire), avec l'ours des cavernes, le renne, un bovidé, le spermophile (rongeur), le chien, etc. Tous ces débris étaient dans la lave qui, sortie du Tartaret, termine sa coulée à Neschers.

Mais si l'homme quaternaire a été témoin des éruptions de l'Auvergne, on peut se demander si l'homme actuel n'a pas, lui aussi, assisté au terrifiant spectacle. L'histoire, ou du moins la tradition en gardent-elles un souvenir ?

L'histoire est muette, mais il faut convenir qu'elle est bien postérieure chez nous à l'âge où l'homme commença à se servir des métaux. Giraud Soulavie veut conclure de certains passages de Sidoine Apollinaire et de Grégoire de Tours sur des calamités publiques qui frappèrent de terreur les populations et donnèrent lieu à l'institution des Rogations, qu'il s'agissait de phénomènes volcaniques ; mais on est généralement d'avis que ce n'est là que l'imagination d'un homme avide d'événements. Il est vrai que Sidoine Apollinaire était Auvergnat, ou du moins qu'il avait une maison de campagne sur les bords du lac d'Aydat, non loin du puy de la Vache. Montlosier raille agréablement ceux qui cherchent dans les auteurs ce qui ne peut pas s'y trouver : « César vient en Auvergne, traverse nos cratères, campe sur nos laves, emploie à ses travaux, à ses machines, à ses édifices, la plupart de nos matériaux volcaniques ; et il ne parait pas que tous ces produits torréfiés aient fait sur lui la plus légère impression. Il est vrai qu'on ne peut pas trop attendre d'un guerrier, tout occupé de sièges et de combats, qu'il mettra beaucoup d'attention à examiner des matières brutes, sans mérite pour lui et sans intérêt ; mais Pline, philosophe, naturaliste, historien, qui connaissait parfaitement l'Auvergne, puisqu'il parle de la fameuse statue de Mercure, faite par Zénodore ; Pline, qui nous a laissé sous le titre d'*Histoire naturelle* , la compilation la plus étendue de tout ce qu'on pouvait ramasser de son temps de prodiges dans l'univers, ne fait pas plus mention de nos anciens volcans que le conquérant des Gaules . "

Quant à la tradition, y en aurait-il un faible écho dans les noms, communs pour la région volcanique, où les idées de feu et d'enfer sont renfermées : *Tartaret, puy d'Enfer, puy de Chaumont, Chaudefour* , vallée d'*Enfer, Peyre-Arse* (pierre brûlée) ? Comme M. Boule l'a fait remarquer, ces noms peuvent avoir été uniquement inspirés par le paysage stérile et ardent en été.

Mais on n'aurait pas une idée complète des circonstances dans lesquelles ont pris naissance les volcans du Plateau Central, si l'on ne complétait les notions fournies par la surface, au moyen des faits observables dans les parties souterraines de la contrée. Celles-ci nous montrent, en effet, que les massifs éruptifs qui frappent le regard du promeneur sont établis sur un sol que les travaux du volcanisme ont enrichi, au cours d'interminables périodes, d'une foule de traits de structure et d'une quantité de roches variées.

Lors des temps secondaires, des émanations analogues a celles qui se font jour aujourd'hui encore dans la région du Vésuve, avaient imprégné le sol d'une partie de notre Massif. Ainsi, sur la lisière Nord, dans le département de la Côte-d'Or, on constate aux environs de Semur que de véritables famerolles ont altéré des roches plus anciennes d'une manière tout à fait caractéristique. Ces dégagements gazeux ont minéralisé et métallisé des assises sédimentaires et le test des fossiles que ces couches contiennent, tout en conservant tous ses détails zoologiques, est passé de la nature calcaire qu'il avait d'abord, à celle de certains minerais de fer admirablement cristallisés. Il en reproduit tous les caractères et spécialement ceux qu'ils présentent, par exemple, dans le gisement, célèbre depuis des siècles, qu'on exploite dans l'île d'Elbe et dont l'origine volcanique ne fait de doute pour personne.

En remontant le cours des temps, nous reconnaissons dans l'épaisseur des terrains primaires, et spécialement aux horizons dits permien et carbonifère, des témoignages gigantesques de l'activité volcanique. Ces assises sont recoupées d'innombrables filons, ou dykes, de roches proprement volcaniques et spécialement de porphyres, comme dans le Morvan.

Des preuves plus directes encore surgissent dans les assises de matériaux volcaniques associés à des roches, parfaitement réglées et concordantes, de terrains sédimentaires, dont l'âge ne fait aucun doute. Ce sont les lits de *cinérites* ou matériaux comparables à la cendre des volcans et qui, parfois, se sont stratifiés dans le fond de quelques lacs en association intime avec les couches de vases, de sables et de débris végétaux maintenant transformés en houille entre lesquels ils font des *liens* , suivant l'expression si exacte des mineurs de Saint-Etienne. Nulle manière de comprendre l'origine de ces assises, longtemps méconnues, si l'on refuse d'y voir la preuve de volcans à cratères travaillant déjà au temps primaire, comme le Vésuve et l'Etna travaillent aujourd'hui.

C'est donc sur un sol en très grande partie remanié par les éruptions, recoupé de leurs dykes, enrichi de leurs cendres, métamorphosé par les effluves calorifiques dégagés de leurs matériaux, — qu'à un moment encore très proche de nous les cratères, qui donnent aux paysages d'Auvergne, du Velay, du Vivarais, un aspect si caractéristique, se sont établis et ont fourni les étapes d'une longue carrière montrant encore un reste d'activité.

Mais comment ne pas voir quelque chose de providentiel dans cette disposition qui nous montre, à côté de l'appareil géologique actuel, — océan, volcan, glacier ou autre, en pleine activité et dont l'intimité est en conséquence inabordable, — des vestiges d'appareils identiques, mais d'âges très inégaux, hors de service, démantelés par les forces destructrices et réduits à des portions en chaque cas différentes, mais dont l'étude directe est faisable. Le géologue doit se comporter à leur égard comme se sont conduits Guvier, Adolphe Brongniart et leurs élèves en présence des débris fossilisés des faunes et des flores disparues.

A partir du jour où l'on est parvenu à se dégager des vieux préjugés, jalousement défendus par Elie de Beaumont, et d'après lesquels l'époque actuelle, ne ressemblant en rien aux temps antérieurs, jouirait du monopole exclusif des volcans à cratères, comme elle aurait eu celui des deltas et des dunes, on arriva, par le rapprochement de tronçons épars, à la reconstitution, et par conséquent à la conception du volcan idéal, et complet. On pénétra dans le détail anatomique de l'appareil éruptif, depuis ses racines conservées dans les vieux gisements éventrés, dans les régions disloquées et érodées et où rien d'analogue au cratère ni aux parties supérieures des cheminées n'a pu se conserver, jusqu'à son sommet si tragiquement visible dans les volcans homicides actuels, dont les profondeurs et surtout les racines échapperont toujours à notre observation directe.

Affranchis désormais de cette stérilisante distinction que rien ne justifie, entre le présent géologique et les époques qui l'ont précédé, on est bien édifié quant à l'indispensabilité du volcan dans l'économie de la terre ; on n'imagine plus qu'il puisse faire défaut pendant une époque sédimentaire quelconque, et l'on ne conçoit pas comment des naturalistes ont pu signaler certains âges géologiques comme caractérisés par le repos ou par le réveil de l'activité souterraine. C'est exactement comme si on nous assurait que pendant un certain laps de temps, au milieu de l'existence d'un homme, son système circulatoire pouvait éprouver des temps de repos.

Nous avons dit que le fait capital dont l'interprétation se traduit par le sentiment de la continuité absolue des temps géologiques, au point de vue du vulcanisme, résulte de la rencontre, à chaque instant répétée, d'un terme commun aux deux séries ancienne et moderne, éruptive et volcanique, qu'on se plaisait à croire distinctes par leur origine comme par leur composition. Ce terme commun, c'est la *cendre* déjà mentionnée, dont la projection dans l'atmosphère caractérise le début de chaque crise, et l'on peut bien souligner d'un mot la signification si exceptionnellement décisive d'un détail auquel tout d'abord on n'accorderait que la valeur d'un petit incident accessoire.

Il se trouve, en effet, que la pluie de cendres du genre de celle qui fit périr, aux deux bouts de l'histoire, Pompéi et Saint-Pierre de la Martinique, en tombant dans la mer et en se mélangeant sur le fond de celle-ci avec les objets que l'eau est accoutumée de déposer, donne naissance à une roche singulière par la mutuelle incompatibilité apparente de ses caractères. C'est la cinérite, désignée encore sous le nom de tuf volcanique. Formée de minéraux éruptifs, cette roche contient des débris organiques, squelettes de poissons, coquilles de mollusques, algues marines et rameau de plantes terrestres, apportés par les fleuves, etc. On ne peut guère observer directement la formation de ce complexe, mais ou connaît des localités où des modifications, géologiquement toutes récentes, de la géographie ont desséché les pièces d'eau portions de mers ou lacs, qui, lors de leur état complet, ont reçu les projections volcaniques ; et la constitution que nous venons de décrire s'y trouve réalisée. Par exemple, dans le

Vicentin, et surtout dans notre Cantal, sur les flancs mêmes du Plomb, on rencontre des formations de ce genre dont l'étude est pleine d'enseignements.

Bornons-nous à la localité cantalienne, située dans un site tout spécialement charmant, surtout parce qu'il contraste avec l'aspect du pays, lors de la formation de la cinérite. C'est dans la vallée de la Cère, non loin de Vie, dans le lieu-dit le *Pas de la Maugudo* que, pour notre compte, et grâce aux indications de Saporta, nous avons éprouvé cette émotion d'évocation du vieux volcan, un moment réveillé pour nous. Sur la section d'un escarpement que les amateurs d'histoire naturelle ne se lassent pas d'entretenir en bon état par la simple poursuite de leurs études, se montre une roche légère, friable, d'un gris de cendre, entièrement composée de petits débris de minéraux volcaniques faiblement agglutinés entre eux. De toutes parts s'y montrent des empreintes de feuilles où l'on retrouve non seulement la forme générale et le caractère de ces organes végétaux, mais tout le système des nervures, admirablement conservé. A première vue, on y reconnaît avant tout des feuilles d'un hêtre, si ressemblant à notre hêtre d'aujourd'hui qu'il faut une grande déférence à l'égard des autorités scientifiques pour croire qu'il s'agit seulement d'une essence très voisine, qui vivait à l'époque tertiaire supérieure dite pliocène. Avec elle végétaient, dans le même lieu, des chênes, des tilleuls, des sycomores, mélangés à des végétaux dont les congénères ne poussent plus dans nos pays, comme le laurier sassafras de l'Amérique du Nord.

Quand on est depuis quelques heures seulement occupé à chercher dans cet espèce d'herbier naturel, où les feuilles, les fleurs, les rameaux se présentent successivement à mesure qu'on travaille, l'esprit involontairement se reporte aux temps antérieurs à la création de l'homme, où la cendre du grand Etna fossile tombait du ciel dans le lac de Vic-sur-Cère. Celui-ci, entouré d'une forêt aux essences variées, avait reçu sur son fond les feuilles mortes de toute une série d'hivers. La cendre s'est mélangée à ces débris organiques, et d'autant plus que l'eau, échauffée par la pluie des particules rocheuses, s'est agitée progressivement de courants développés en divers sens. Après l'éruption, le sédiment a été recouvert de dépôts plus récents ; il a été imprégné de matières conjonctives, et c'est ainsi qu'il a pris la consistance qu'il présente aujourd'hui.

Eh bien ! un fait de la plus haute portée concerne la présence que nous signalions tout à l'heure de roches analogues aux cinérites, dans l'épaisseur de tous les terrains sédimentaires, Nous avons dit qu'elles s'appellent *liens* dans les couches houillères de Saint-Etienne ; ce sont les *talourines* de Rive-de-Gier (Salamandres dans la langue locale) ; en diverses parties de l'Angleterre, on les désigne sous l'appellation de *Toadstones* (pierre de Crapaud). L'euritine de Thann, en Alsace, avec son allure de porphyre qui renfermerait des troncs d'arbres fossiles et celle que dans la Basse-Loire on appelle la *pierre carrée* , sont des cinérites du culm et du dévonien ; et il est bien remarquable que l'illustre Murchison, dans sa première description du silurien du Pays de Galles, qualifie certains lits de *volcanic ashes* (cendres volcaniques), se montrant ainsi bien en avance sur tous les géologues qui l'ont suivi, jusqu'à l'époque où sir Archibald Geikie a publié ses belles études sur les volcans primaires de l'Écosse.

III.

Le sol de l'Auvergne, nous l'avons vu, n'est pas complètement refroidi : de ses profondeurs, sourdent des sources minérales, s'échappent des gaz, sulfureux et carboniques. Il faut, pour faire un tableau complet de la vie géologique du Plateau Central, passer en revue ces apports des assises souterraines.

Les sources minérales du Plateau Central, dont plusieurs sont encore très chaudes, présentent une composition très variable et quelquefois très riche.

Tout le monde a entendu parler de la source de Saint-Alyre, dans la ville même de Clermont-Ferrand. Elle contient, à la faveur de son acide carbonique, une si grande proportion de carbonate de chaux, que ses incrustations ont formé plusieurs ponts sur la Tiretaine. Cette source rivalise ainsi avec les célèbres eaux d'Italie, pays volcanique très actif, Tivoli, San Vignone, San Filipo : aussi Saint-Alyre est-il célèbre depuis longtemps. Un auteur du XVIe siècle, Belleforest, écrit dans sa *Cosmographie Universelle* : « A l'intérieur de l'abbaye de Saint-Alyre passe un fleuve qu'on dit avoir été jadis nommé Scatéon et ores est dit Tiretaine, sur le cours duquel est posé le merveilleux pont de pierre naturelle fait par l'eau d'une fontaine qui s'endurcit en pierre non sans étonnement des effets miraculeux de la nature ; et laquelle fontaine est à environ trois cents pieds de la rivière, laquelle coulant vers la rivière susdite fait cette dureté pierreuse du pont par sous lequel passe le fleuve susnommé.

« Le feu roi, Charles neuvième du nom, faisant son voyage de Bayonne, voulut voir ce pont merveilleux et la fontaine qui n'est artificielle, et le cours d'eau et la source d'où elle procède comme chose étrange et des plus rares miracles de nature qu'on voie guère en France. "

Le pont que vit le roi Charles IX date des temps préhistoriques. Il a une arche de huit mètres de largeur, si solide que les voitures peuvent y passer. Le pont du Diable ou pont-stalactite a une élévation au-dessus du bief de 5m, 10. Lecoq, qui a spécialement étudié les *Eaux minérales du Massif Central de la France*, dit que le pont du Diable doit son origine à la source aujourd'hui détournée de la rue des Chats. « A partir de cette source, le pont de pierre présente l'aspect d'une muraille construite seulement à fleur de terre, laquelle irait en augmentant d'épaisseur et de hauteur à mesure que l'on avance vers son extrémité. Sa surface supérieure, d'abord très étroite, s'élargit graduellement, et l'on remarque encore une espèce de sillon qui servait sans doute à conduire les eaux qui élevèrent elles-mêmes cet aqueduc. L'eau, suivant la direction que lui traçait la pente du sol, coula sur son dépôt, l'augmenta tous les jours ; et, comme la matière calcaire se déposait plus facilement sur les bords que dans le milieu, elle laissa dans cette partie le sillon peu profond qui lui servait de conduit. Les eaux, arrivées à l'extrémité de la muraille, se répandirent dans le ruisseau qui mettait un terme à leur dépôt ; bientôt cependant la muraille s'éleva au bord, et dès qu'il y eut une chute, il y eut aussi un prolongement de matière calcaire qui avança au-dessus de l'eau. Des plantes aquatiques ne tardèrent pas à s'y développer et leur végétation, activée par les matières salines contenues dans les eaux minérales, couvrit de touffes de verdure le rocher qui venait de se former..."

Mais ces plantes imprudentes, collaboratrices très actives du dépôt, étaient peu à peu prises dans les incrustations de l'eau : un véritable emmurement, et elles contribuaient par leur masse à accélérer la conquête de la pierre. En quatre siècles, d'après une estimation de M.

Nivet, l'arche fut formée. Et pourquoi ne s'éleva-t-il pas tout simplement une digue ? C'est que les eaux du « fleuve " emportaient le calcaire au fur et à mesure de sa précipitation. Ce pont est jeté sur une île ; la source commençait à le prolonger jusqu'à l'autre rive, lorsqu'elle fut détournée, et le bel ouvrage fut abandonné. Deux autres ponts sont en voie de formation, dont l'un est dans l'établissement de Saint-Alyre ; mais pour qu'il n'aille pas trop vite, on ne lui laisse l'eau incrustante qu'une partie de l'année. Depuis le XVIIIe siècle, on la fait travailler, cette eau, à de petits objets d'agrément : bas-reliefs, fruits, fleurs, nids qu'elle transforme en pierre. Chomel envoya, à son ami Tournefort, des raisins et des feuillages recouverts de ces dépôts calcaires tout pareils à ceux que, de nos jours encore, achètent chaque année les touristes.

Les gens de Clermont se garderaient bien de goûter à l'eau de Saint-Alyre, dans la crainte, paraît-il, de se pétrifier l'intestin ; il est certain qu'elle doit avoir une saveur fort terreuse. On l'admet pour les bains.

Il y a des sources analogues dans des localités voisines ; à Saint-Nectaire, le carbonate de chaux est plus blanc et d'une cristallisation plus fine : il fait des traînées visibles de loin sur les granits de couleur plus sombre : à l'imitation de l'Italie, on y créa l'industrie des médaillons. Les eaux abandonnent aussi de la silice ou opale, parfois arsénifère, et qui a fossilisé des multitudes de roseaux ; on y trouve également du fer hydraté, etc. Et leur action est si rapide et si puissante que, suivant l'expression de Henri Lecoq, elles transforment, en fossiles vivants, de pauvres coquillages tels que des escargots, qu'une démarche trop lente empêche de s'y soustraire.

Le rocher des Célestins, à Vichy, a la même origine que les incrustations de Saint-Alyre et de Saint-Nectaire, et on pourrait en citer une infinité d'autres exemples.

On constaterait même que certaines sources d'Auvergne ont des singularités de composition qui, tout naturellement, sont en rapport, elles aussi, avec l'origine volcanique du sol. C'est ainsi qu'un monticule proche de Clermont a été qualifié de puy de la Poix, parce que l'eau qu'il laisse sourdre contient une quantité notable de bitume. Celui-ci forme sur l'eau une mince couche irisée comme en fait le pétrole des automobiles à la surface des ruisseaux de Paris ; à la faveur des siècles, le bitume s'est accumulé dans certaines fissures du terrain, dans le creux de quelques coquilles, et avec lui se sont groupées des demi-sphères d'opale d'un effet remarquable. On trouve aussi du bitume à Pont-du-Château ; à Montferrand même il y a une eau bitumineuse.

Mais, au point de vue pratique, les eaux de Saint-Alyre, de Saint-Nectaire et même du puy de la Poix ne sont que des curiosités ; tout au plus, les premières ont-elles été le point de départ d'une toute petite industrie, celle des incrustations. Or, il est, dans le Plateau Central, d'autres sources dont les eaux ont été et sont encore (même de plus en plus) un élément de richesse incomparable. Ce sont les sources minérales, souvent thermales, au griffon desquelles ont pris naissance de ces stations balnéaires où les malades pullulent, dans la société des gens bien portants.

On les répartit en plusieurs types. Les sources chloro-bicarbonatées sont peut-être les plus nombreuses ; il s'y mêle souvent du chlorure de sodium, du fer, de l'arsenic qui leur donne une grande puissance thérapeutique. Certaines sont froides, d'autres sont chaudes, comme Royat, Châtelguyon, Saint-Nectaire, Châteauneuf, Rouzat, etc. Il en est qui proclament dans leur masse la présence du radium ou d'autres corps analogues, et cette radioactivité, dont personne ne sait encore la conséquence thérapeutique (à supposer qu'elle existe), leur vaut, en attendant un meilleur informé, un supplément de clientèle. Il y a plus de quarante sources ferrugineuses carbonatées, généralement froides, souvent très gazeuses : l'eau de Renlaigue contient 8 centigrammes de carbonate de fer par litre. Parmi les eaux carbonatées ferrugineuses, on peut citer celles du puits Loiselot, qui renferme jusqu'à 43 centigrammes de carbonate de fer par litre. Le Mont-Dore fournit le type des eaux arsenicales, et la Bourboule celui des eaux chloro-arsenicales.

Les sources du Mont-Dore ont une température de 40 à 45 degrés. Elles étaient appréciées grandement des Romains et même des Gaulois, car sous les fondations romaines, on retrouva une piscine gauloise faite en madriers de sapin équarris. Les Romains ont laissé des vestiges plus luxueux. Il y a une place du Panthéon, des Terroirs du Panthéon, et l'emplacement du temple est resté marqué. Une piscine trouvée en 1867 avait 5 mètres de longueur, 5 mètres de largeur et 70 centimètres de profondeur. Deux escaliers y conduisaient. On trouva aussi les restes d'une piscine de marbre blanc où fréquentaient sans doute les patriciens qui s'étaient bâti des villas dans cette partie de l'Auvergne. Nous avons déjà parlé de celle de l'évêque Sidoine Apollinaire, qui vivait au Ve siècle, et qui mentionne les bains du Mont-Dore : *Calentes Baiæ*.

Les eaux de la Bourboule, non loin du Mont-Dore, sont assez analogues aux précédentes, mais avec plus d'arsenic et de chaleur. L'eau du puits Perrières marque à la surface 56°, 5, au fond du puits, 59°, 4.

Mais les eaux les plus chaudes du Plateau Central sont celles de Chaudes-Aigues, dans le Cantal. Elles ont, suivant les sources, de 72 à 88 degrés. La source du Par, la plus chaude, dans la vapeur de laquelle on ne peut mettre la main, sort des fentes d'une roche toute tapissée d'une mousse magnifique, et d'une algue, *Tremella reticula* , qui croit même à l'intérieur des griffons.

Les hommes s'accommodent aussi bien que les plantes de cette bonne chaleur naturelle. La ville jouit d'une température singulièrement douce. La neige fond dès qu'elle tombe, et l'on a toujours chaud aux pieds, même dans les rues. On a calculé que les sources représentent pour Chaudes-Aigues la richesse d'une forêt de 540 hectares, car la quantité de chaleur qu'elles produisent chaque jour équivaut à la combustion de 5 000 kilogrammes de charbon de bois, ou de 12 000 kilogrammes de bois ordinaire. Chaque ménage a sa part de chaleur : des conduits en bois apportent aux maisons l'eau qui circule sous les planchers, l'hiver, bien entendu, car l'été, on dérive l'eau chaude dans le Remontalou, — quand on ne l'utilise pas au blanchiment des laines qui constitue à Chaudes-Aigues une industrie prospère. Plusieurs sources jaillissent dans ce ruisseau, dont l'eau à la surface est assez fraîche, mais que l'on sent de plus en plus chaude à mesure qu'on s'approche du fond, lequel est brûlant.

Ce lit de ruisseau brûlant fait penser au sol des Champs Phlégréens, près de Naples. Et d'ailleurs, n'avons-nous pas fait allusion aux sources d'acide carbonique, ces « Grottes du Chien, " qui, ici comme à Pouzzoles, sont des sortes de cavernes dont l'atmosphère se charge de gaz poussés vers le jour au travers d'une fissure du sol. Par une application de l'ionisation des gaz, on a imaginé de rendre l'anhydride carbonique visible aux yeux, en y jetant une fusée enflammée qui y mélange sa fumée, sans qu'elle puisse pénétrer dans l'atmosphère superposée.

Il en résulte qu'on *voit* le gaz, comme on verrait l'eau, et qu'on apprécie la hauteur exacte de son niveau. Le nom de Grotte du Chien vient de l'expérience un peu cruelle que, pour l'édification des touristes, on fait avec un chien, que l'on noie pour ainsi dire à moitié dans le bain de gaz, — mais qui revient à la vie assez promptement, parce qu'on sait bien qu'il ne faut pas pousser trop loin l'asphyxie. La grotte du Chien, à Royat, est à proximité de sources d'eau extrêmement riches en acide carbonique qui sont parmi les plus fréquentées de l'Auvergne.

IV.

L'histoire de la planète, comme l'histoire des nations comporte de grands enseignements. Elle développe notre esprit, non pas seulement par les faits qu'elle nous fait connaître, par les spectacles grandioses qu'elle met sous nos yeux, mais encore parce qu'elle excite en nous le besoin de remonter aux causes, qui est inné dans l'homme, qu'il ne satisfera jamais, mais qui le porte à perfectionner sans cesse sa méthode d'observation.

Or l'Auvergne donne aux géologues de grandes leçons. Nous avons dit qu'elle est pour lui, au point de vue de l'anatomie du volcan, ce qu'est le cadavre sur la table de dissection pour l'anatomie animale ; elle nous a permis de constater que le phénomène volcanique est de tous les temps et, par conséquent, une nécessité de la vie de la terre. Et, avant d'insister de nouveau sur ce point, par lequel il sera bon de finir une étude surtout consacrée à la France volcanique, il est nécessaire de signaler d'un mot une théorie d'un tout autre ordre, mais qui, elle aussi, a son point de départ dans la considération d'un phénomène doué en Auvergne d'une ampleur toute spéciale, ou plutôt dont la disposition est particulièrement frappante. Nous voulons parler de la lumière que projette sur le creusement des vallées l'allure delà dénudation intempérique à la surface de l'Auvergne.

Visitant ce pays au début de notre carrière, nous avions été frappé de la situation des coulées volcaniques, presque invariablement situées sur les lignes de faîte. C'était l'époque où régnaient les idées de Belgrand sur les violents ruissellements d'eau, les fleuves énormes et torrentueux, rabotant énergiquement le sol et auxquels on attribuait tous les traits du *modelé* du sol. Nous ne comprenions pas. En effet, ces eaux auraient dû imprimer, à la disposition générale des reliefs, une orientation dominante qu'on ne constate pas ; en outre, comment, après un tel déploiement de forces, des délinéaments délicats, comme des assises de marnes facilement délayables ou de fragiles placages de *peperino* pouvaient-ils subsister ? Le cône du Pariou, celui de tant d'autres volcans, auraient dû montrer quelques traces des grandes frictions supposées. Et la liaison intime de l'altitude où s'est arrêtée chaque coulée, avec son âge relatif, comment l'expliquer ?

D'anciens auteurs, Playfair, d'Aubuisson, Poulett Scrope, et avant tous Montlosier, nous parurent avoir eu, bien plus que les esprits systématiques de l'école de Belgrand, le sens vrai des choses.

Après les avoir lus, après avoir observé par nous-mêmes, nous constatâmes que le sol de l'Auvergne offre, intimement associés l'un avec l'autre, — d'une part le résultat du phénomène volcanique essentiellement intermittent et qui, à chacune de ses manifestations, a immobilisé, par les coulées de lave épanchées dans les vallées, des portions de profit du sol protégé pour un temps plus ou moins long contre les entreprises de l'intempérisme, — et, d'autre part, les effets du phénomène pluviaire essentiellement continu et qui d'une manière incessante a écroûté sans arrêt la superficie du pays. La coulée de Jussat, conservée au sommet de Gergovie, nous permet de revoir l'épiderme terrestre aux commencements de l'époque quaternaire ; et l'on est frappé de l'abaissement général du pays entre ce moment-là et l'époque où s'est écoulée la nappe de la Cère, à partir du puy de Nadaillat jusqu'au Cret. L'érosion se continuant, la lave de Gravenoire s'est écoulée dans des fonds de vallée bien plus bas, et cette lave n'a été suivie de celle du Pariou, qu'après une nouvelle usure pluviaire de toute la région.

Or, la pluie seule a soustrait dans l'intervalle que nous considérons des centaines de mètres d'épaisseur à toute la région, et le fait est d'autant plus digne de remarque que le relief accentué du pays devait donner une part plus large aux phénomènes de rabotage aqueux dans la sculpture du sol.

Cet enseignement décisif que nous donne le pays d'Auvergne, nous l'appliquerons à des pays plus tranquilles, à la région parisienne par exemple, et ce ne sera pas l'un des moindres arguments pour attribuer à notre Plateau Central une importance scientifique incomparable. La vallée de la Seine n'a nulle part une profondeur analogue à celle qui concerne la région des Puys. Dès lors, nulle objection de principe ne se présente, lorsqu'on se demande si le ruissellement de la pluie n'est pas, dans le Nord de la France, comme dans son Massif Central, le seul artisan du modelé des terrains.

Quand on remonte une rivière dans toute sa longueur jusqu'à sa source, on reconnaît que sa vallée présente d'un bout à l'autre les mêmes caractères morphologiques. Il en résulte qu'il n'y a aucunement motif de faire intervenir des modes de creusement différents pour les diverses régions et que les inégalités de dimension de celles-ci peuvent s'expliquer par les durées plus ou moins prolongées de réactions identiques. Si l'on est près de la source ou dans le haut de n'importe quel sillon d'affluent, on reconnaît que le vallon, — plus bas si net et contenant le cours d'eau, — passe, par des transitions insensibles, à un simple petit sillon tout pareil à ceux que la pluie dessine sur un sol préalablement aplani. Les notions maintenant acquises sur la régression des cours d'eau et la capture dos rivières, permettant d'affirmer que ce petit sillon s'élargira et s'approfondira avec le temps, pour prendre tous les caractères des tronçons de vallons placés plus bas. Ces divers tronçons intimement soudés entre eux s'élargiront, le filet d'eau qui y suinte deviendra permanent, parce qu'il sera le résultat d'un assèchement qui demandera plus de temps qu'il ne s'en écoule entre deux pluies successives.

Inutile de suivre le fleuve dans toutes les phases de sa croissance. Notons seulement que, contrairement à ce que l'on a cru tout d'abord, la rivière est le résultat du creusement de la vallée ; et que, dans une vallée comme celle de la Seine, la rivière n'a pas été, et bien au contraire, plus volumineuse dans le passé qu'elle ne l'est aujourd'hui.

Et, comme il n'est pas possible de laisser de côté le témoignage du sol de l'Auvergne quant au mécanisme de la dénudation intempérique, on ne saurait échapper aux conséquences qui en résultent en ce qui concerne l'efficacité de la pluie. Par le rapprochement de deux contrées aussi différentes dans leur constitution, mais aussi comparables dans leur histoire hydrographique, que le Plateau Central et le Bassin de Paris, on voit véritablement s'imposer à l'esprit les grands traits de la théorie des vallées.

Des régions superficielles qui nous ont permis de rapprocher les environs de Paris et ceux de Clermont-Ferrand, revenons aux volcans, mais non plus à leurs vieilles coulées, et voyons pourquoi et comment ils se sont produits. Par la netteté de sa forme, comme par la précision de ses conditions de gisement, le volcan constitue l'un des mécanismes les mieux définis de toute l'anatomie terrestre, et la fonction physiologique à l'accomplissement de laquelle il est attaché peut sans peine être caractérisée.

Le volcan, qui met on communication la surface du globe avec ses profondeurs, qui répand de prodigieuses quantités de laves, qui déverse dans l'atmosphère des torrents de gaz et de cendres, — le volcan est une des formes les plus saisissantes des phénomènes circulatoires et l'un des plus énergiques agents du remaniement de la croûte planétaire. De ces profondeurs qui paraissaient devoir être à jamais inexplorées, nous arrivent par l'intermédiaire du volcan d'innombrables particules rocheuses, contenant des principes qui, comme le phosphore, le calcium, le potassium, l'acide carbonique, sont indispensables à la vie. L'idée simple et logique aurait donc dû être qu'il s'est manifesté de tout temps.

Nous avons vu qu'au contraire, cette idée a rencontré des résistances, jusqu'au moment où la découverte des assises de tufs volcaniques de tous les âges ont obligé de reconnaître qu'au point de vue du volcan (comme à tant d'autres), la période actuelle ne se distingue pas de celles qui l'ont précédée.

On est maintenant à peu près d'accord sur ce point. Mais, quant au mécanisme des volcans, on a émis, et l'on émet encore des théories tout aussi déraisonnables que celle qui méconnaissait l'existence des volcans aux premières époques sédimentaires. Cependant, il est des faits bien acquis qui semblent porter en eux la solution du problème.

Le moteur des explosions volcaniques est incontestablement la force expansive de certaines vapeurs, — la vapeur d'eau et celle de quelques autres corps élastiques, acide chlorhydrique, gaz hydro-carbonés, etc., portés à une température très élevée.

Les volcans rejettent une énorme quantité d'eau : on pourrait dire que ce sont les premières des sources thermales. L'eau, infiltrée dans le sol, s'étend en nappes sur les roches imperméables, et pénètre aussi dans les fines fissures des roches étanches, de façon à saturer, en les remplissant, toutes leurs cavités. Il résulte de là que toutes les roches, sans exception, contiennent une proportion d'eau, dite *de carrière* , dont des savants, tels que Delesse, ont cherché à déterminer avec précision la proportion.

Cet état de choses ne se continue pas cependant indéfiniment en profondeur. Au-delà d'une certaine distance sous la surface, se rencontrent des niveaux qui n'ont pas encore été assez refroidis pour que les infiltrations aqueuses aient pu y pénétrer. Au cours des temps, la limite commune de ces deux zones concentriques s'éloigne constamment de la surface, et il en résulte fatalement une diminution de la masse des eaux contenues dans les bassins, marins ou lacustres.

D'un autre côté, le refroidissement spontané du globe terrestre détermine la contraction continue du noyau fluide enveloppé par l'écorce solide. Cette écorce est donc à chaque instant menacée de perdre son support naturel qui fuit sous elle sans relâche. Comme elle ne peut pas diminuer de diamètre aussi rapidement que le noyau, elle se trouve contrainte à se déformer et la déformation ne peut pas continuer longtemps sans amener l'ouverture de fractures. Celles-ci sont le résultat immédiat de réactions sensiblement horizontales, aussi sont-elles très fortement inclinées et constituent-elles des surfaces planes le long desquelles des portions de la masse rocheuse peuvent glisser sur les portions voisines. C'est la cause initiale de ces *charriages* dont tous les géologues reconnaissent maintenant l'efficacité dans la production des chaînes de montagnes. Mais ces mêmes déplacements déterminent une autre conséquence dont la mention est nécessaire ici. Ils amènent en effet des portions plus profondes, c'est-à-dire plus chaudes, à se superposer à des parties moins profondes, c'est-à-dire moins chaudes. Il en résulte que des masses imprégnées d'eau de carrière sont fréquemment recouvertes par des portions dont la haute température est incompatible avec la persistance de l'eau d'imprégnation.

En conséquence, elles éprouvent un *recuit* qui les fait fondre, en incorporant dans leur substance devenue fluide, et par voie d'occlusion, une quantité de vapeur d'eau, qui leur communique la faculté foisonnante. Dès lors, il suffira que les mouvements intérieurs dont le sol est animé, leur ménage une issue vers des régions à pression moindre, c'est-à-dire plus superficielles, pour qu'elles s'y précipitent et qu'elles donnent lieu à l'éruption proprement dite.

La vapeur d'eau motrice des matériaux volcaniques dans leur ascension s'exhalera par l'orifice même, sous la forme de fumerolles et, avec elle, les autres principes élastiques ou gazeux que le recuit souterrain des roches aura pu engendrer. Ce seront, dans le cas de roches charbonneuses, des gaz combustibles, comme le grisou ; dans le cas de roches sulfureuses, les acides sulfureux, sulfurique, sulfhydrique ; dans le cas de roches calcaires, de l'anhydride carbonique ; dans le cas de roches salifères, de l'acide chlorhydrique, etc.

Et l'on voit comment ce phénomène, qui apparaît avant réflexion comme essentiellement cataclysmien, se signale, au contraire, comme l'un des détails les plus évidents des harmonies qui dominent toute la physiologie de la Terre.

Deuxième partie
Esquisse géologique du massif du Mont-Dore et de la chaîne des Puys [2].

Le massif du Mont-Dore et les monts Dômes, ou chaîne des Puys, forment, dans le département du Puy-de-Dôme, deux groupes de montagnes volcaniques assez différentes, dont la configuration topographique s'explique aisément par la géologie.

Le massif du Mont-Dore représente un ensemble volcanique assez ancien, aujourd'hui démantelé ; la chaîne des Puys, au contraire, qui n'a pas été usée par le temps, contraste par l'état de fraîcheur de ses formes topographiques.

Massif du Mont-Dore

Généralités .

Ce massif présente une forme ellipsoïde dont le grand axe (Nord Sud) mesure 32 kilomètres et le petit axe (Est Ouest) 25 kilomètres. Il a été comparé, quelquefois à tort, à l'Etna qui est trois fois plus considérable, car il est assez complexe au point de vue géologique. Il résulte, en effet, de la juxtaposition de plusieurs centres éruptifs distincts et n'offre pas la belle unité du Cantal ; aussi son hétérogénéité se traduit-elle, d'une manière frappante, dans les détails de son modelé.

Toutefois, dans son ensemble, il se montre sous la forme de deux troncs de cônes, accolés par leur grande base, entaillés de profondes vallées, qui pénètrent jusqu'au cœur du massif et permettent d'observer sa constitution.

Les pentes du sud se relient aux pentes inverses du Cézallier qui est, pour ainsi dire, le trait d'union le soudant au grand volcan du Cantal.

Le flanc nord s'étend, assez loin, jusque sous la chaîne des Puys, tandis qu'à l'Ouest les coulées les plus basses se continuent par les contreforts cristallins de la Corrèze, et qu'à l'Est elles dominent le bassin tertiaire d'Issoire.

Géologie .

Les études géologiques, pétrographiques, orographiques, hydrographiques, etc., permettent de croire que le massif du Mont-Dore comprend deux centres éruptifs principaux auxquels on pourrait donner les noms de *massif du Sancy* au sud, et de *massif de la Banne d'Ordanche* , au nord. De ces deux centres, qui sont en même temps deux points élevés de la région, partent des coulées de lave qui

53

rayonnent dans tous les sens. Une notable partie des laves issues du second centre ne se retrouvent pas dans le premier.

En dehors de ces deux volcans principaux, qui étaient soudés l'un à l'autre et constituent une notable partie du massif, il existe un groupe de points éruptifs greffés sur le flanc Est, qui s'étendent entre le puy de l'Angle et le puy de Pessade, et dont le centre se trouve au puy de la Croix-Morand. Ces points d'éruption excentriques ont donné des dykes de lave généralement trachytiques ou des coulées de trachyte, d'andésite et de basalte plus ou moins étendues et qui ont dû être primitivement coalescentes.

Ces volcans adventifs, réduits parfois à l'état de *necks* , troublent, vers l'Est, l'allure topographique assez régulière des volcans de la Banne d'Ordanche et du Sancy.

Le massif du Mont-Dore est assis sur un socle de roches cristallines dont l'altitude moyenne est de 1000 mètres et dans lesquelles domine le granité. Le gneiss et les micaschistes sont moins bien représentés.

C'est à la fin du miocène qu'eurent lieu, comme dans le Cantal, les premières éruptions de ce massif. Le soulèvement des Alpes, dont le contre-coup modifia si profondément la topographie du Massif Central, fut vraisemblablement une des causes principales des éruptions des volcans du Mont-Dore.

Elles débutèrent par de petits volcans isolés (Rochefort), qui furent ensuite ensevelis sous des coulées de lave puis, à la Banne d'Ordanche, près de La Bourboule, par des sorties de roches acides assez spéciales de couleur variable (blanche, rouge, noire), connues sous les noms de *rhyolile* , de *perlite* (ravin de l'Usclade et de la Gâcherie), et se continuèrent par des éruptions de *phonolite* et de *trachyte* , noyés au milieu de *cinérites* acides. Il y eut ensuite un arrêt dans l'activité éruptive, qui se manifesta dans toute son ampleur au pliocène inférieur.

Les deux centres éruptifs de la Banne d'Ordanche et du Sancy fonctionnèrent ensemble ou successivement, en donnant alternativement des pluies de cendres, mélangées à des blocs arrachés de la profondeur (*cinérites*), qui entrent pour une large part dans la constitution du massif et des coulées de laves de nature différente.

L'entassement des produits volcaniques, autour des deux centres de sortie principaux, forma les deux volcans du Sancy et de la Banne d'Ordanche, sur les flancs orientaux desquels étaient accolés les volcans adventifs de la région du puy de l'Angle, de la Croix-Morand et de Pessade. La sortie des laves de ces derniers cônes éruptifs fut probablement synchronique de celle des premiers.

On peut essayer de se représenter, au moment de sa complète édification, l'ensemble volcanique du Mont-Dore sous la forme de deux grands cônes, un cône sud (cône du Sancy) dont l'altitude atteignait environ 2500 mètres, et un cône nord (cône de la Banne d'Ordanche) de 2000 mètres de haut, flanqués vers l'Est d'une série d'éminences représentant des cônes adventifs ayant donné des dykes ou des coulées de lave plus ou moins étendues.

La série volcanique du Sancy comprend de bas en haut des *labradorites* , des *basaltes inférieurs* , des *andésites* , des *trachytes* et enfin des *basaltes supérieurs* . La coupe que l'on peut relever à la grande Cascade est très instructive à cet égard.

La série de la Banne d'Ordanche est assez différente. Elle est formée de bas en haut de trachytes plus ou moins vitreux, de véritables *roches porphyriques (microgranulites* et *micropegmatites*), de *basaltes demi-deuil (ophitiques)* , d'*andésites* à *haüyne* , de *phonolites* et de *basaltes supérieurs* . Sur le flanc nord, il n'y a pas moins de 5 niveaux basaltiques bien différenciés.

Les cônes adventifs donnèrent des laves se rapprochant beaucoup de celles de la Banne d'Ordanche, mais parmi lesquelles dominent cependant les trachytes. Cette dernière roche constitue aujourd'hui la plupart des sommets du massif du Mont-Dore le pic de Sancy, le puy Ferrand, la montagne de Bozat, le Capucin, le puy Gros, les puys de l'Ouïre, de l'Aiguillier, de Pessade, de Baladou, de Mone, du Barbier, de l'Angle, etc...

L'*andésite* , plus résistante, couronne les sommets du puy du Paillaret, de Chagourdet, de Cuzeau.

Enfin, le *basalte* , qui est la roche éruptive la plus récente, a disparu du centre du massif, décapité par l'érosion. Il ne forme plus qu'une ceinture autour du groupe montagneux. Cependant, les lambeaux que l'on trouve encore en quelques points élevés, jusqu'à plus de 1600 mètres, témoignent de son ancienne extension. Citons les puys de Chambourguet, de Cliergue, de la Croix-Morand, de Cornillou, du Verdier et de la Banne d'Ordanche qui doivent leur conservation à cette couverture de roches très résistantes. Un certain nombre de ces sommités s'alignent pour constituer la ligne de partage des eaux entre les bassins de la Loire et de la Garonne.

Il faut faire me mention à part à quelques dykes *phonolitiques* qui ont percé toutes les roches antérieures aux basaltes et qui se présentent actuellement sous forme d'énormes pylônes formés par des gerbes de prismes tels sont les dykes si pittoresques des roches Tuilière, Sanadoire et Malleviale.

La série des roches éruptives du Mont-Dore s'étage entre le miocène supérieur et le pliocène supérieur. Dans l'intervalle des périodes éruptives, les flancs des volcans se couvraient d'une végétation qu'une nouvelle éruption venait ensevelir. Ainsi a été conservée, au milieu des cinérites, une flore qui a été synchronisée avec celle du pliocène inférieur et moyen, et qui comprenait des bambous, des érables, etc., indiquant un climat plus chaud que le climat actuel. On constate le même fait dans le massif du Cantal.

À la fin du pliocène, les flancs du groupe volcanique du Mont-Dore furent envahis par les glaciers, qui transportèrent au loin les blocs détachés des hauts sommets, sillonnèrent les vallées qui entaillaient le massif et formèrent des moraines plus ou moins bien conservées (vallées de la Dordogne, de Chaudefour, etc.). C'est principalement sur le flanc ouest du massif que l'action des glaciers est la mieux marquée.

Les environs de Bort, de Champs et toute la région de l'Artense sont encombrés de débris de moraines et couverts d'une infinité de buttes cristallines moutonnées, striées, usées et polies par les glaciers. Le paysage de cette contrée éminemment pittoresque rappelle, dit M. Boule, certains paysages glaciaires de la Finlande.

Au commencement du quaternaire, le massif du Mont-Dore devait avoir une physionomie assez semblable à celle qu'il possède actuellement.

Le réveil de l'activité éruptive qui donna naissance à la chaîne des Puys, amena la réouverture d'anciennes fractures par lesquelles eurent lieu de nouvelles sorties de laves (basaltes). C'est à cette époque que vinrent se greffer sur les flancs du volcan à demi-ruiné les petits volcans de Servière, de Compéret, d'Ebert, d'Orcival, de la Godivelle, de Montchalm et de Montcineyre. Ces deux derniers donnèrent des coulées, s'étendant assez loin, au fond des vallées creusées dès cette époque (coulée de la Couze Pavin et coulée de la Couze de Compains).

Les modifications apportées au massif du Mont-Dore depuis ce moment sont insignifiantes. Toutefois, les alternatives de gelées, de pluies et de chaleur usent de plus en plus les hauts sommets pendant que l'eau des torrents ravine profondément les cinérites. Il ne semble pas qu'il faille une longue série de siècles pour décapiter le pic de Sancy et amener la réunion des deux vallées de la Dordogne et de Chaudefour.

La chaîne des Puys

Généralités.

La chaîne des Puys ou monts Dômes, située un peu au nord du massif du Mont-Doré et de direction générale Nord-Sud, comprend plus de soixante volcans échelonnés sur 35 kilomètres de long et 5 de large. Elle n'offre généralement en largeur que deux cônes éruptifs, rarement un seul ou trois.

Cette curieuse guirlande volcanique est assise sur un socle de roches granitiques, de terrain primitif (gneiss et micaschistes), de précambrien, percés de filons de granulite, de kersantite et de porphyre. Elle domine à l'ouest, la vallée de la Sioule, à l'est, le bassin tertiaire ; mais tandis que le soubassement se relie à la première par des pentes relativement faibles, il offre au contraire un escarpement prononcé à sa limite avec la Limagne.

À l'est de la série des monts Dômes court une bande de terrains cristallins, plus élevée d'environ 100 mètres que la base des volcans et échancrée d'un certain nombre d'entailles est-ouest, faites par l'érosion et se prolongeant par des vallons profonds jusque dans la Limagne. La chaîne éruptive des Puys n'est donc pas installée, comme on l'a dit, sur la partie la plus élevée de la région cristalline séparant la Limagne de la vallée de la Sioule, mais à l'ouest et, en général, assez au-dessous de ce faîte. Cette disposition permet de comprendre pourquoi les matières fondues se sont épanchées largement, vers l'ouest, où rien ne venait les arrêter et où elles forment du nord au sud comme une vaste nappe longue de 30 kilomètres de long de coulées de nature variée et coalescentes, tandis *qu'elles n'ont pu se diriger, vers l'est* , que grâce aux *échancrures* , aux vallées, entaillées dans la partie cristalline axiale.

Si l'on part de la Limagne et que l'on s'élève, sans suivre les vallons, jusqu'aux points les plus élevés de la région cristalline, on traverse une série de gradins plus ou moins émoussés par l'érosion, en relation avec les dislocations du sol, et dont deux, au moins, sont d'une netteté remarquable. Le premier surplombe la Limagne d'environ 200 mètres. Le second constitue le gradin supérieur, à l'ouest et au pied duquel s'étend la chaîne des Puys, tandis qu'à l'est s'échelonnent symétriquement une série de points éruptifs de faible étendue.

La limite du terrain cristallin et de la Limagne se fait par une grande faille (faille occidentale de la Limagne) de plus de 60 kilomètres, le long de laquelle le bassin tertiaire s'est effondré. C'est par cette cassure que sont sorties les laves des volcans de Gravenoire et de Beaumont, et c'est par une série de failles parallèles qui découpent le tertiaire en voussoirs successifs, qu'arrivent au jour un grand nombre de sources minérales (Royat, Châtelguyon, Clermont, etc...). Ce sont là des failles éruptives et hydrothermales.

Il semble bien que le socle cristallin a été découpé de la même façon que la Limagne en une série de gradins, dont l'ensemble figurerait un pli *anticlinal* morcelé, tandis que la Limagne pourrait être considérée comme un grand pli synclinal. La série volcanique des Puys serait sur un de ces gradins, au pied d'un voussoir surélevé. Le tassement des voussoirs, les uns par rapport aux autres, dut contribuer, dans une assez large mesure, à la sortie de matières fondues.

Un coup d'œil sur la chaîne des Puys laisse voir ces volcans *alignés, par groupes, suivant des directions Nord-N.Ouest et Nord-N.Est.* , qui sont les directions des plis et des cassures hercyniennes. Ils paraissent donc installés sur une série de diaclases anciennes qui ont rejoué à l'époque tertiaire et au quaternaire. Ces diaclases étant des plans de moindre pression devaient facilement servir de cheminée d'ascension aux matières fondues, comme on l'a constaté dans d'autres régions l'Italie, l'Islande, etc.

L'altitude moyenne des monts Dômes est de 1,150 mètres, mais un certain nombre dépassent 1,200 puy de Pariou 1,210, puy de Montchier 1,215, puy de Laschamps 1,260 ; enfin le puy de Dôme, le géant de la chaîne, situé dans une position assez centrale, dresse sa cime jusqu'à 1,465 mètres et les domine tous de plus de 200 mètres.

Forme des volcans.

Au point de vue de la forme, on doit distinguer les volcans *domitiques* qui sont plus anciens, des autres volcans, généralement à *cratère* , qui sont bien conservés. Les volcans domitiques ont des aspects variés ils sont parfois irréguliers et constituent d'importantes masses rocheuses, comme le puy de Dôme, qui a dû atteindre une hauteur d'environ 1800 mètres. D'autres fois, ils ont l'aspect d'une coupole plus ou moins régulière (puys de Sarcouy et de Clierzou). Ces volcans, constitués par une roche acide, très poreuse, appelée *domite* , et des scories, sont les ruines de volcans pliocènes. Ils possédaient un cratère, comme les volcans quaternaires, et certains sont constitués par des alternances de coulées et de couches de scories (Chaudron). Le Puy de Dôme comprend une cheminée (neck) remplie de lave domitique compacte, flanquée de projections domitiques.

L'état de fraîcheur des volcans à cratère est parfois remarquable. Ils ont éclaté, pour la plupart, au milieu d'une région domitique démantelée comprenant des coulées et des dépôts d'atterrissement. Les cratères, souvent bien conservés, atteignent des profondeurs allant jusqu'à 100 mètres (puy de Pariou). Les puys de Côme et de Pariou montrent deux cratères concentriques emboîtés, d'autres, comme les puys de la Nugère et de Louchadière, ont été en partie démolis par la

61

sortie des laves. Ceux de la Vache et de Lassolas ont été éventrés par la pression des matières fondues et égueulés jusqu'à leur base, où l'on observe l'extrémité de la cheminée volcanique, le neck formé par un culot de lave. Plusieurs offrent deux ou trois cratères accolés tels sont les puys de Barme, de Montgy, de Montchier, qui ont dû fonctionner successivement ou simultanément.

Coulées .

Les coulées sont de nature différente. Si l'on place à part les volcans domitiques, on peut dire que les éruptions qui ont donné naissance à la chaîne des Puys ont fréquemment débuté par des éruptions basiques (*basaltes* inférieurs). Tel est le puy de Pariou, ceux de Côme, de la Nugère, de Louchadière. Puis sortirent des laves plus acides, des *andésites* (puys de Pariou et de la Nugère), des *labradorites* (puys de Côme, de Louchadière, de la Raviole). En dernier lieu il y eut une récurrence de laves basiques (*basalte* supérieur) (puys de la Vache, de Lassolas, petit puy de Dôme, Tartaret, etc.). Un même volcan a donné parfois des laves de deux ou trois natures différentes, souvent il n'a formé qu'une coulée, mais les plus importants en ont donné deux, trois (puys de Côme, Pariou, la Nugère). Les volcans de Barme et de Montgy sont des plus typiques à cet égard, car ils laissent voir les coulées superposées, de composition un peu variable et si bien conservées qu'on les croirait actuelles.

Les coulées couvrent souvent de vastes étendues, comme celles des puys de Côme, de Barme, de Louchadière, de plusieurs kilomètres de large et 5 à 8 kilomètres de long. Elles descendent parfois jusqu'à la Sioule. Vers l'est, au contraire, elles sont resserrées au fond de vallées étroites et profondes, à pente rapide, et constituent comme de longs

62

boyaux de matières fondues qui n'ont pu s'étaler qu'en arrivant dans la plaine de la Limagne (coulée inférieure de la Nugère, du puy de la Raviole, du petit puy de Dôme, du Pariou).

Certaines de ces coulées constituent des régions arides, cahotiques, de véritables déserts de pierres, sur lesquels ne croissent que de.3 lichens et quelques mousses, et dont l'aspect sauvage et désolé tranche sur la contrée environnante généralement cultivée. Les cheires d'Aydat, celle de Louchadière dont le volume a été évalué 150.000.000 de mètres cubes et qui ne couvrent pas moins de 15 kilomètres carrés, sont des plus typiques à cet égard.

Hydrologie, glacières naturelles .

Si l'on songe que les courants de matières fondues se sont épanchés fréquemment dans des vallées, parcourues par des cours d'eau, il est permis de supposer qu'elles n'ont pas changé le réseau hydrographique de la région, et qu'elles n'ont servi que de toit, de voûte, aux ruisseaux dont les eaux doivent encore circuler au-dessous d'elles. C'est en effet ce que l'on observe, car à l'extrémité de la plupart des coulées on voit réapparaître ces ruisseaux qui constituent des sources d'une fraîcheur et d'une limpidité remarquables. Elles ont été, en effet, admirablement filtrées à travers les laves et les scories qui sont poreuses (sources de Royal., sous la coulée, du petit puy de Dôme ; sources de Nohanent, sous la coulée du Pariou sources de Sayat, Blanzat et Malauzat, sous la coulée du puy de la Raviole sources de Mazayes, sous la coulée de Louchadière, etc.). A la surface de certaines coulées il se produit un phénomène des plus curieux. Aux points où la couche de lave est peu épaisse et dans des cavités situées sur la coulée, l'eau monte à la surface par capillarité, en raison de la porosité de la lave. S'il fait *très chaud* , cette eau s'évapore rapidement en produisant un abaissement de température suffisant pour la congeler. Ainsi se forment des *amas de glace* durant les *plus chaudes journées de l'été* , pendant lesquelles l'évaporation est très active. Le fait peut être constaté près de Pontgibaud et de Chambois, dans la coulée de Louchadière ; dans la cheire d'Aydat et dans celle de la Nugère.

Petite chaîne des puys .

Il existe, à l'ouest de la vallée de la Sioule, une série de volcans (volcan de Banson, de Neufons, de Lavialle, de Chalusset), de direction générale N.S., comme ceux de la chaîne des Puys, mais moins bien conservés. Ils paraissent un peu antérieurs aux volcans à cratère et sont probablement d'âge pliocène supérieur. Leurs coulées ont été parfois assez fortement découpées par l'érosion. Ils forment une traînée éruptive, à laquelle je donne le nom de *petite chaîne des Puys* , car elle forme le pendant de la chaîne des monts Dômes par rapport à la Sioule.

Un grand nombre d'auteurs se sont occupés de cette question, en particulier Lecoq, messieurs Delebecque et Berthoule. M. Boule en a, le premier, donné une classification rationnelle ; c'est elle que nous suivons ici.

1) Lacs ayant une origine volcanique

A) Lacs remplissant un cratère.

Un cratère affectant généralement la forme d'une coupe circulaire, le lac qui le remplit doit épouser cette forme. C'est ce que l'on constate dans le lac de *la Godivelle d'en-haut. — La narse d'Espinasse* , au pied du puy de l'Enfer, se présente dans les mêmes conditions, mais la moitié du cratère paraît avoir été emportée par explosion, de sorte que le lac, aujourd'hui réduit à un marécage, n'est bordé par le cratère que sur la moitié de son pourtour c'est une des raisons qui l'ont empêché de se maintenir à l'état de lac. Je place avec doute le lac de *Servières* dans cette catégorie je croirais plus volontiers qu'il occupe la dépression comprise entre les deux cônes volcaniques de Servières et de Comperet.

B) Cratères d'explosion ou d'effondrement.

Ces lacs ont un faciès assez spécial ; ils se montrent avec des parois escarpées et présentent souvent une grande profondeur et un fond assez plat. Ils rappellent les lacs célèbres de Nemi et d'Albano dans les monts du Latium. M. Boule les regarde comme produits par effondrement. Les avis sont partagés à l'étranger sur l'origine des lacs analogues. Au type de ces lacs appartiennent le Pavin, au pied du puy de Montchalm, le *gour de Tazenat* , à l'extrémité nord de la chaîne des Puys et peut-être le lac Chauvet.

C) Lacs de barrage.

1. Les *coulées* volcaniques se sont parfois étendues au travers d'une vallée qu'elles ont barrée, ce qui a permis à l'eau située en amont de s'accumuler devant cette digue et de former un lac. Ainsi ont pris naissance le gracieux lac d'*Aydat* formé par le barrage des coulées des puys de la Vache et de Lassolas, les lacs de *la Cassière* , de *Côme* , de *Guéry* , de *La Landie* . Les lacs anciens de *Randarnne* , de *Verneuges* , de *Ceyssat* , aujourd'hui asséchés et remplis de randannite et de tourbe, peuvent être classés dans la même catégorie.

2. D'autres fois, c'est un *cône volcanique* qui s'est dressé au milieu de la vallée et a retenu les eaux venant de l'amont. Les lacs *Chambon* et de *Montcineyre* sont dans ce cas. Il est bon de remarquer ici que ces lacs ne peuvent pas persister aussi longtemps que les précédents, car la digue qui leur sert de limite est formée de substances poreuses et éminemment meubles, comme les scories volcaniques. C'est ce qui s'est produit au lac Chambon, qui était jadis plus étendu, puisqu'il atteignait le village du Chambon. Ces lacs sont destinés à disparaître dans un temps peu éloigné.

3. Il arrive maintes fois que les coulées volcaniques en se juxtaposant délimitent des espaces creux plus ou moins étendus dans lesquels l'eau vient s'accumuler pour former des lacs, des étangs, des mares. Un grand nombre de dépressions de cette nature s'observent sur les flancs sud du mont Dore et sur ceux du Cézallier. Il faut citer les lacs de *Bourdouze* , des *Esclauzes* , de *Chambedaze* et de *la Godivelle d'en-bas* .

Une même coûtée volcanique par son bossellement, son irrégularité, présente aussi dans certains cas des cuvettes naturelles retenant l'eau de pluie. Ainsi se forment des marécages qui peuvent ensuite s'assécher, et dans lesquels se dépose la tourbe, la randannite, comme dans l'ancienne coulée du puy de la Vache, à Rouillat.

2 ° Lacs d'origine glaciaire

D'après M. Boule ces lacs ne se rencontreraient que sur les plateaux où l'on observe des traces d'une puissante extension glaciaire, antérieure au creusement des vallées actuelles. Ils seraient formés en partie par des barrages morainiques et en partie par des excavations pratiquées dans la roche dure (gneiss ou basalte). Autrefois beaucoup plus nombreux, ils ont été en partie transformés en tourbières. Les lacs de la Crégut, de Laspialade, des Bordes, se présentent de cette façon.